Joana Diekmann

Der Einfluss der Netzknotendichte von peroxidisch vernetztem EPDM auf die thermisch-oxidative Alterungseigenschaft und den Druckverformungsrest

GRIN Verlag

Bibliografische Information der Deutschen Nationalbibliothek:

Die Deutsche Bibliothek verzeichnet diese Publikation in der Deutschen Nationalbibliografie; detaillierte bibliografische Daten sind im Internet über http://dnb.d-nb.de/ abrufbar.

Impressum:

Druck und Bindung: Books on Demand GmbH, Norderstedt Germany
ISBN: 978-3-640-88972-3

Dieses Buch bei GRIN:

http://www.grin.com/de/e-book/170239/der-einfluss-der-netzknotendichte-von-peroxidisch-vernetztem-epdm-auf-die

Forschungspraktikum

im Masterstudiengang „Analytik"

Der Einfluss der Netzknotendichte von peroxidisch vernetztem EPDM auf die thermisch-oxidative Alterungseigenschaft und den Druckverformungsrest

vorgelegt von

Joana Diekmann

Hannover, September 2008

Die experimentellen Arbeiten im Rahmen dieser Forschungsarbeit wurden zwischen dem 25.08.2008 und dem 05.09.2008 in dem **Deutschen Institut für Kautschuktechnologie e. V.** in Hannover durchgeführt.

Inhaltsverzeichnis

Abkürzungsverzeichnis

CL	Chemilumineszenz
DCP	Dicumylperoxid
DVR	Druckverformungsrest
EPDM	Ethylen-Propylen-Dien-Kautschuk
ENB	5-Ethyliden-2-norbornen
NMR	Nuclear Magnetic Resonance (Kernspinresonanzspektroskopie)
OIT	Oxidation Induction Time (Oxidationsinduktionszeit)
XLD	Crosslink Density (Vernetzungsdichte)

Abbildungsverzeichnis

Tabellenverzeichnis

Einleitung und Zielsetzung

Die Kenntnis über die Netzknotendichte ist notwendig, um sowohl die Qualität von Elastomeren beurteilen zu können, als auch für die Optimierung der Vulkanisationsbedingungen und für die Herstellung von Spezialelastomeren mit verbesserten Eigenschaften. Zu diesen Eigenschaften zählt insbesondere die Alterung von Elastomeren. Des Weiteren hängen die Mobilität der Moleküle und die Netzwerkdynamik zu einem großen Teil von der Netzknotendichte ab. Diese wird durch die Konzentration des Vernetzungsreagenz beeinflusst [8].

Sowohl mechanische als auch thermisch-oxidative Alterung beeinflussen das polymere Netzwerk, können die Netzknotendichte verändern und führen zu einem Funktionsausfall. Dabei entstehen polymere Abbauprozesse, die eine Vorschädigung der Materialeigenschaften und eine spätere Alterung begünstigen. Um diese Phänomen frühzeitig zu erkennen, um z.B. einen Ausfall eines Bauteils zu verhindern, müssen die Alterungsprozesse, die in hohem Maß die Lebensdauer von Elastomerbauteilen beeinflussen, untersucht werden [10-12].

Ziel dieses Praktikums war es die Netzknotendichte und die thermisch-oxidative Alterungseigenschaft von peroxidvernetztem EPDM und deren Korrelation zu untersuchen. Für die Untersuchung des Einflusses der Netzknotendichte wurden verschiedene Konzentrationen an Peroxid für die Vernetzung verwendet. Die quantitative Abschätzung der gebildeten Netzknoten erfolgte mit Rheometer-Messungen, NMR-Relaxationsversuchen und Gleichgewichtsquellung. Um die Korrelation zwischen der Netzknotendichte und den thermisch-oxidativen Alterungseigenschaften zu untersuchen wurden Untersuchungen an der Chemilumineszenz (CL) mit extrahierten und nicht-extrahierten Proben durchgeführt. Für die Bestimmung der Verformbarkeit in Abhängigkeit von der Netzknotendichte wurde der Druckverformungsrest (DVR) gemessen, der mechanische Alterung (unter Stress) und chemische Alterung (thermisch-oxidativ) global beschreibt.

1 Theoretische Grundlagen

1.1 Elastomer

Nach DIN 53 501 werden unvernetzte, aber vernetzbare (vulkanisierbare) Polymere mit gummielastischen Eigenschaften bei Raumtemperatur als Kautschuke bezeichnet. Elastomere sind Polymere, die durch physikalische oder chemische Vernetzung von Kautschuken entstehen und deren Glasübergangstemperatur unterhalb der Gebrauchstemperatur liegt. Durch die weitmaschigen Netzwerke sind Elastomere in einem weiten Belastungs- und Temperaturbereich elastisch und auch nach einer Deformation sind sie formstabil [1,2,3].

1.1.1 EPDM

Ethylen-Propylen-Dien-Kautschuk (EPDM) ist ein amorpheres Terpolymer, welches eine unpolare, gesättigte Hauptkette enthält (s. Abbildung **1-1**). Nach ASTM-D 1418-81 gehört EPDM zum M-Kautschuk, der keine Doppelbindungen in der Hauptkette besitzt. Im Gegensatz dazu werden Kautschuke mit ungesättigten Hauptketten zu R-Kautschuken gezählt [2]. EPDM wird durch eine Copolymerisation durch Ethylen, Propylen und einer geringen Menge eines nicht-konjugierten Diens, welches die Doppelbindungen für die klassische Schwefel-Vulkanisation besitzt, hergestellt. Als Dien-Komponente werden Dicyclopentadien, 1,4-Hexadien oder 5-Ethyliden-2-norbornen (ENB) eingesetzt, die unterschiedliche Vernetzungsgeschwindigkeiten aufweisen. Kommerzielle EPDM-Produkte haben einem Anteil von 3-15 Doppelbindungen pro 1000 Kohlenstoff-Atome [3].

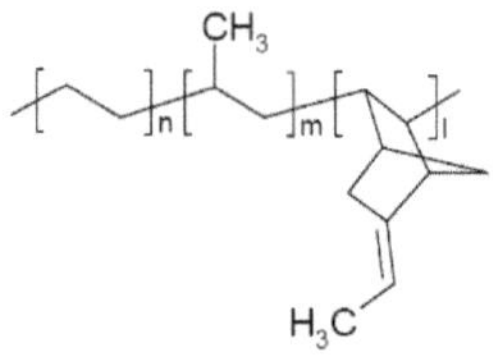

Abbildung 1-1: Schematische Struktur von EPDM mit der Dien-Komponente ENB

1.1.2 Vernetzung mit Peroxiden

Die Peroxidvernetzung ist vor allem bei Kautschuken, die keine Doppelbindungen in der Hauptkette besitzen, wie zum Beispiel EPDM, von großer technischer Bedeutung und ist daher für nahezu alle Polymere universell einsetzbar. Bei der Vernetzung entstehen meist transparente Materialien mit hoher thermischer Beständigkeit und einer guten Druckverformungsresteigenschaft [4].

Die organischen Peroxide, die für die Vernetzung benutzt werden, besitzen alle das typische Strukturelement RO – OR. Dieses besitzt eine hohe chemische Reaktivität und durch homolytische Spaltung bildet es Radikale. Die durch thermischen Zerfall gebildeten Radikale sind reaktive Teilchen, die für weitere Reaktionen zur Verfügung stehen [4].

Initiierung:	$RO-OR \xrightarrow{\text{Temperatur}} RO\bullet + \bullet OR$
H-Abstraktion:	$RO\bullet + PH \longrightarrow ROH + P\bullet$
Kettenspaltung:	$P\bullet \xrightarrow{k_1} P_1 + P_2\bullet$
Vernetzung:	$P\bullet + P\bullet \xrightarrow{k_2} P-P$
Abbruch:	$RO\bullet + P\bullet \longrightarrow ROP$
	$RO\bullet + R\bullet \longrightarrow ROR$

Abbildung 1-2: Allgemeiner Mechanismus der Peroxidvernetzung [4]

Für die Vernetzung ist die Bildung von Makroradikalen P• (s. Abbildung **1-2**), die durch Übertragungsreaktion mit dem Polymer oder durch H-Abstraktion, entstehen wichtig. Bei den Reaktionen der polymeren Radikale P• treten neben der Vernetzung auch Kettenspaltung und Kettenabbruch als Nebenreaktionen auf. Eine effektive Vernetzung liegt vor, wenn $k_2 > k_1$ ist, und die Abbruchreaktion unterdrückt wird [3,4].

1.2 Netzknotendichte

Bei der in Abschnitt 1.1.2 angesprochenen Vernetzungsreaktion wird der Kautschuk in einen elastischen Werkstoff überführt, wobei eine Vielzahl statistisch verteilter chemischer (z.B. kovalente oder ionische Bindungen) und physikalischer (z.B. Verschlaufungen) Netzwerkstrukturen entsteht [5,6].

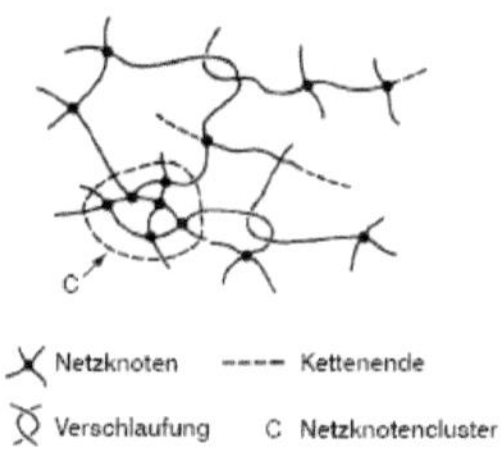

Abbildung 1-3: Schematische Darstellung der Netzwerkstrukturen im Elastomer [5]

Eine wichtige Struktureinheit ist der Netzknoten, der die Beweglichkeit der Polymerkette einschränkt und das System fixiert. Bei Peroxidvernetzungen bestehen die Netzknoten aus den stabilen Kohlenstoff-Kohlenstoff-Bindungen und weisen eine hohe thermische Stabilität auf. Wie in Abbildung **1-3** zu sehen ist, bilden sich zwischen den Netzknoten elastische Bögen, die den größten Einfluss auf die physikalische Eigenschaft des Elastomers haben. Des Weiteren entstehen bei der Vernetzung Verschlaufungen, freie Kettenenden und Netzknotencluster, die sich auch auf die Stabilität des Netzwerks auswirken. Die gebildete Netzwerkstruktur ist neben den Vernetzungsparametern Zeit und Temperatur von der Konzentration des Peroxids und der Struktur des Kautschuks abhängig [5,6].

Als ein wichtiges Merkmal der Netzwerkbildung und für eine umfassende Charakterisierung elastomere Systeme wird die Netzknotendichte definiert, welche die mittlere Zahl von Vernetzungspunkten pro Volumeneinheit angibt. Für die Bestimmung der Vernetzungsdichte können verschiedene Methoden, z.B. Gleichgewichtsquellung oder Protonen-NMR-Relaxation, verwendet werden. [3,6,7]

1.2.1 Bestimmung mit Rheometer-Messung

Zur Beurteilung des kontinuierlichen Vulkanisationsverhaltens und der daraus resultierenden Vernetzungsdichte, werden Rheometerexperimente durchgeführt. Bei einem Torsionsschubvulkameter wird eine Probe der zu vernetzenden Kautschukmischung in eine temperierbare Kammer gelegt und die Kammertemperatur auf die zu betrachtende Vernetzungstemperatur eingestellt. Nach dem Schließen der Kammer wird über einen Rotor eine konstante Winkelgeschwindigkeit mit bestimmter Frequenz eingestellt, die auf die Probe wirkt. Im Punkt der größten Auslenkung wird das Drehmoment gemessen und gegen die Zeit aufgetragen. Da die Kautschukmischung mit fortschreitender Zeit stärker vernetzt und somit verfestigt wird, erhöht sich das Drehmoment. Bei konstanter Verformung und Temperatur ist das Drehmoment proportional zur Vernetzungsdichte, wie in Gleichung **(1)** beschrieben wird:

$$S = R \cdot T \cdot \gamma \cdot \upsilon_e \qquad \textbf{(1)}$$

wobei S das Drehmoment, γ eine Proportionalitätskonstante, T die Temperatur und υ_e die Vernetzungsdichte ist [15].

1.2.2 Bestimmung mit NMR

Die Kernspinresonanz (NMR) ist eine bekannte Methode um die chemische Struktur eines Elastomers über seine Kettenbeweglichkeit aufzuklären. Die Messung beruht auf der Analyse der Kurvenform und der transversalen Relaxationszeit T_2, die bei einem Hahn-Spin-Echo Experiment bei dem Abklingen der Magnetisierung M entstehen. Der zeitabhängige Zusammenhang von M und T_2 ist in Gleichung **(2)** dargestellt:

$$M = \mathrm{A} \cdot \exp\left(-\frac{t}{T_2} - q \cdot M_2 \cdot \frac{t^2}{2}\right) + \mathrm{B} \cdot \exp\left(-\frac{t}{T_2}\right) \qquad \textbf{(2)}$$

wobei A der Protonenanteil ist, der an Netzknoten gebunden ist, B der Protonenanteil ist, der an freie Kettenenden gebunden ist, q beschreibt die Richtungsabhängigkeit der Kettenbewegung und M_2 repräsentiert das zweite Moment der Spin-Spin-Wechselwirkung in einem starren System [9].

Zu der Relaxation werden die Vorgänge gezählt, die nach einer Auslenkung der Kernspinmagnetisierung aus ihrem Gleichgewichtszustand nach einer Pulsanregung stattfinden. Die unterschiedlichen Geschwindigkeiten des Abklingens der Magnetisierung werden vor allem durch dipolare, intramolekulare Wechselwirkungen von Protonen und die Vernetzungsdichte hervorgerufen. Ganz im Gegensatz zu Flüssigkeiten (isotropes Verhalten), wo die intramolekularen Wechselwirkungen im Durchschnitt durch schnelle molekulare Bewegungen komplett rausgemittelt werden. Die unterschiedlichen Geschwindigkeiten bei Elastomeren entstehen durch die permanenten Verknüpfungen, die zu einer unvollständigen Ausmittelung der Dipol-Dipol-Wechselwirkungen führen. Das Verhalten ist daher anisotrop und wird durch q beschrieben. Der q-Faktor ist daher der wichtigste Parameter um die Kettenbewegung zu beschreiben. Wenn dieser Faktor bekannt ist, kann die molekulare Masse der internen Vernetzungsknoten M_c in der Kette berechnet werden und die Vernetzungsdichte kann über Gleichung **(3)** ermittelt werden:

$$v_e \approx \frac{\rho}{2M_c} \qquad \textbf{(3)}$$

wobei ρ die Dichte des Polymers ist [9].

Je stärker das Elastomer durch Netzknoten verknüpft ist, desto unflexibler ist seine Struktur und T_2 wird sehr kurz. Die erhaltenen abfallenden Kurvenformen der transversalen Relaxationszeit liefern daher Informationen über die Kettenbeweglichkeit und über die mittlere Netzknotendichte wie an Hand der Gleichungen **(2)** und **(3)** zu erkennen ist [6,8,9,17].

1.2.3 Bestimmung mit Gleichgewichtsquellung

Bei der Gleichgewichtsquellung wird die Netzknotendichte als Gesamtbetrag, aus chemisch gebildeten Netzknoten und physikalischen Verschlaufungen, über die Elastizität des Systems bestimmt. Das dreidimensionale, polymere Netzwerk ist in geeigneten Lösungsmitteln in der Lage in Abhängigkeit von dessen molekularen Strukturen unterschiedliche Mengen an Flüssigkeit zu absorbieren. Treibende Kraft für die Quellung ist die Mischungsentropie. Liegt eine favorisierte enthalpische Wechselwirkung, die durch den $\chi_{1,2}$ Parameter beschrieben wird, von $\chi_{1,2} < 0,5$ zwischen dem Elastomer und dem Lösungsmittel vor, so ist das Quellvermögen hoch. Da bei der Quellung die Bindungen zwischen den Netzknoten dreidimensional verstreckt werden, kann das Elastomer bei konstantem Druck und Temperatur nur eine definierte Menge an Lösungsmittel aufnehmen. Je höher die Vernetzung in der Probe ist, desto mehr wird die Eindiffusion von Lösungsmittelmolekülen in das polymere Netzwerk behindert. Dabei wird die Quellung hauptsächlich durch zwei gegenläufige Kräfte beeinflusst. Der osmotische Druck bestrebt einen Konzentrationsausgleich, wogegen die elastische Rückstellkraft wirkt [5-7,15,20].

Die Vernetzungsdichte im Gleichgewichtszustand wird nach *Flory-Rhener* über Gleichung **(4)**, unter der Annahme eines idealen Netzwerks, das heißt alle Netzknoten weisen eine Funktionalität von 4 auf, ermittelt:

$$v_e = -\frac{\ln(1-\Phi)+\Phi+\chi_{1,2}\cdot\Phi^2}{V_1\cdot\left(\Phi^{1/3}-0,5\cdot\Phi\right)} \qquad \text{mit} \qquad \Phi = \frac{m_2}{\frac{\rho_2}{\rho_1}m_1+m_2} \tag{4}$$

wobei $\chi_{1,2}$ der Polymer-Lösungsmittel-Wechselwirkungsparameter, V_1 das Molvolumen, v_e die Netzbogendichte, m_1 die Masse des Lösungsmittels, m_2 die Masse des Polymers, ρ_1 die Lösungsmitteldichte und ρ_2 die Polymerdichte ist [5,15].

1.3 Alterung von Elastomeren

Funktionsausfälle werden in der Praxis häufig durch Alterungsvorgänge hervorgerufen. Die DIN 50 035 definiert Alterung als eine starke Veränderung von physikalischen und chemischen Werkstoffeigenschaften im Verlauf der Zeit. Die Alterungsprozesse verlaufen nach einem radikalischen Oxidationsmechanismus, wobei dessen Initiierung durch Licht oder Wärme erfolgt (s. Abbildung **1-4 a)**) und durch Sauerstoffkontakt werden Radikale gebildet [12-14].

Die entstandenen Radikale können die chemischen Strukturen der Polymere auf zwei verschiedene Arten durch Kettenspaltung abbauen. Sie führen einerseits durch zusätzliche Vernetzung zu einer Versprödung bzw. Verhärtung der Elastomere, andererseits können sie das Elastomer durch Kettenspaltung erweichen und es bekommt eine klebrige Oberfläche. Diese zwei Reaktionsmöglichkeiten sind in Abbildung **1-4 b)** dargestellt [12,14].

Initiierung:	$R - R \xrightarrow{\text{Temperatur}} 2\,R\bullet$
Reaktion mit O_2:	$R\bullet + O_2 \longrightarrow ROO\bullet$
radikalischer Angriff:	$ROO\bullet + RH \longrightarrow ROOH + R\bullet$

Abbildung 1-4: **a)** Die Initiierung des Oxidationsmechanismus der Alterung

Möglichkeit A: Vernetzung

$$2\,R\bullet \longrightarrow R - R$$

Möglichkeit B: Kettenspaltung

$$ROOH + ROO\bullet \longrightarrow R - OH\ /\ ROH\ /\ ROOH\ /\ \ldots$$

Abbildung 1-4: **b)** Oxidationsmechanismus der zu Alterungserschienungen führt

Die Schädigung am Elastomer kann durch diesen Alterungsprozess in jeder Phase der Verarbeitung und Herstellung auftreten. Während der Synthese werden die polymeren Materialien hohen thermischen (z.B. Vulkanisation) und mechanischen (z.B. Pressen) Beanspruchungen ausgesetzt.

1.3.1 Chemilumineszenz

Die CL beschreibt die mit einer chemischen Reaktion verbundene Lumineszenz, also die Aussendung von sichtbarem oder ultraviolettem Licht. Dabei wird die chemische Energie in elektronische Energie verwandelt [18].

Für die CL-Messung gibt es drei Voraussetzungen, die erfüllt sein müssen: (a) die chemische Reaktion muss eine exotherme Reaktion sein, damit genügend Energie vorhanden ist, um den elektronisch angeregten Zustand zu bilden, (b) es muss einen Weg geben um diesen elektronisch angeregten Zustand zu erreichen (keine Vibrations- oder Rotationsenergie) und (c) der angeregte Zustand muss die frei werdende Energie beim Rückgang in den Grundzustand auf einmal, nicht in zahlreichen Stufen, als Photon abgeben [13].

Da eine Oxidationsreaktion diese Vorraussetzungen erfüllt, können mit der CL die thermisch-oxidativen Alterungsprozesse charakterisiert werden. Die Aussendung von Lichtquanten $h\nu$ erflogt über den metastabilen Carbonyl-Zustand, der bei dem thermisch-oxidativen Kettenmechanismus entsteht (s. Abbildung **1-5**) [12,13,18].

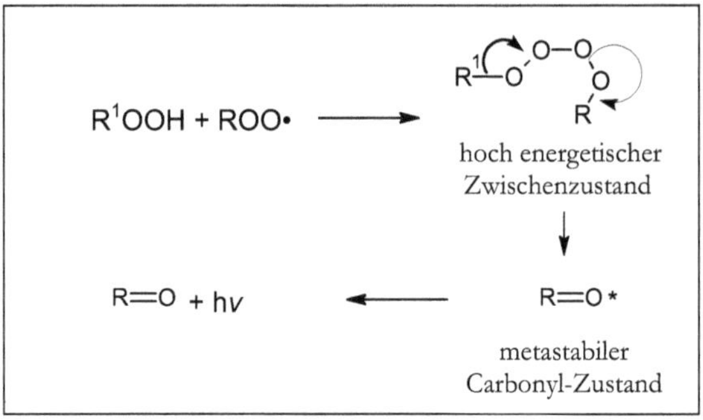

Abbildung 1-5: Der thermisch-oxidative Mechanismus einer CL-Reaktion

In Abbildung **1-6** ist ein schematischer Aufbau einer CL-Apparatur zu sehen. In der Reaktionskammer wird die Oxidation durch das Einleiten von Sauerstoff gestartet und das Linsensystem fokussiert das emittierte Licht auf den Photomultiplier [13].

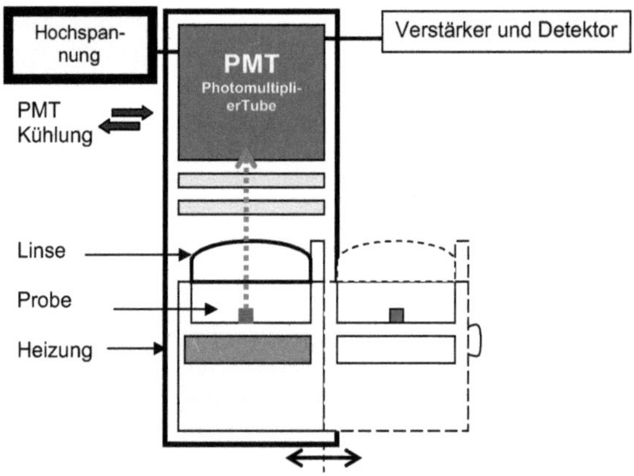

Abbildung 1-6: Schematische Darstellung einer Chemilumineszenz Apparatur [13]

Das typische Signal eines CL-Experiments nimmt als Funktion der Zeit schnell bis zu einer maximalen Intensität zu (s. Abbildung **1-7**), nachdem sich der Sauerstoff in der Kammer befindet und die Reaktion gestartet wurde. Anschließend erfolgt ein Abfall der Intensität, welcher das Ende der Oxidation zeigt. Der Schnittpunkt zwischen der Basislinie und der Steigung des linearen Anstiegs wird als „Oxidationsinduktionszeit" (OIT) bezeichnet, und kennzeichnet den Startpunkt der Reaktion. Die gemessene Signalintensität ist eine lineare Funktion der Konzentration des betreffenden chemischen Substrats im angeregten Zustand über die Zeit. Daher ist es möglich, eine quantitative Messung durchzuführen [12,13,18,19].

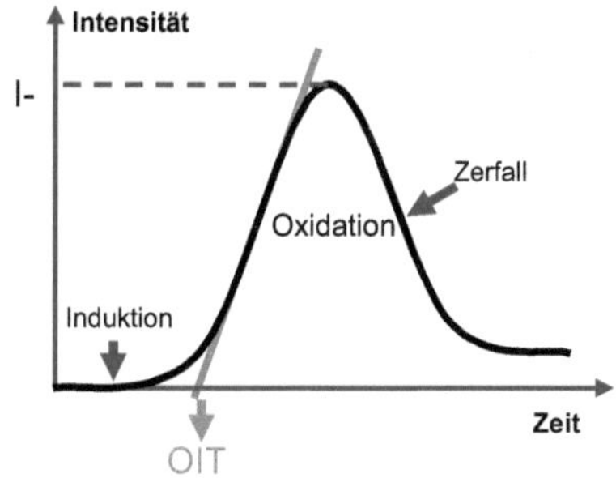

Abbildung 1-7: Schematische Darstellung einer typischen Kurve einer CL-Analyse [13]

Da die CL eine Reaktion 1. Ordnung ist, kann die Kinetik dieser Reaktion bei einem thermisch-oxidativen Prozess mit Gleichung **(5)** berechnet werden:

$$\ln\left(\frac{I_t}{I_{max}-I_t}\right)=\ln\frac{[B]_0}{[A]_0}+k[A]_0\cdot t \qquad \textbf{(5)}$$

wobei $[B]_0$ die Konzentration des Wasserstoffperoxids und $[A]_0$ die Konzentration des Polymers ist. Die graphische Auftragung von $\ln\left(\frac{I_t}{I_{max}-I_t}\right)$ gegen die Zeit t ergibt einen linearen Anstieg der Signalintensität, wobei die Geschwindigkeitskonstante k aus der Steigung abgelesen werden kann [10,13].

1.3.2 Druckverformungsrest

Der DVR ermittelt, welche prozentuale Verformung bei lang andauernder, konstanter Druckbelastung und anschließender Entspannung bei Elastomeren im Bezug auf die Anfangsverformung zurückbleibt. Er ist ein wichtiger Faktor, der die mechanische Alterung von Elastomeren im Bezug auf ihre Rückstellung nach einer Verformung (Druck / Stress), von meist 25 % beschreibt. Diese Alterung beeinflusst auch die chemischen Alterungsprozesse, wie zum Beispiel die thermisch-oxidative Alterung und können korreliert werden [16].

Wenn ein DVR von 0 % gemessen wird, bedeutet dies, dass der Prüfkörper seine ursprüngliche Form wieder vollständig erreicht hat. Bei einem DVR von 100 % besitzt das Elastomer keine Rückstellkraft, um seine Ausgangsverformung wieder anzunehmen. Der DVR kann über Gleichung **(6)** berechnet werden:

$$\mathrm{DVR}=\frac{h_0-h_1}{h_0-h_S}\cdot 100\% \qquad \textbf{(6)}$$

wobei h_0 die Anfangshöhe der Probe, h_1 die Endhöhe der Probe und h_S die Verformungshöhe angibt [16].

2 Experimentelles

2.1 Untersuchte Materialien

Die Untersuchungen wurden mit technisch reinem EPDM (EP 5450), der einen maximalen Dien-Anteil von 4 % enthält, durchgeführt. Um den Einfluss der Peroxidvernetzung zu bestimmen wurde eine systematische Reihe von EPDM Kautschuk mit unterschiedlichen Konzentrationen an Dicumylperoxid (DCP) untersucht (s. Tabelle **2-1**).

Tabelle 2-1: Rezepturen der verwendeten Mischungen

Probe	*c* (DCP) in mol/dm^3	*m* (DCP) in phr[1)]
1	0,01	0,3
2	0,03	0,6
3	0,05	1,5
4	0,10	3,0

[1)]phr = Parts per Hundred of Rubber

Die schematische Struktur von DCP (s. Abbildung **2-1**) zeigt, dass das Molekül an der O – O Bindung symmetrisch ist. Bei einer homolytischen Spaltung dieser Bindung entstehen zwei gleiche Radikale. Die Zersetzungstemperatur von DCP liegt bei 75 °C, somit muss die Vulkanisationstemperatur über dieser Temperatur liegen [4].

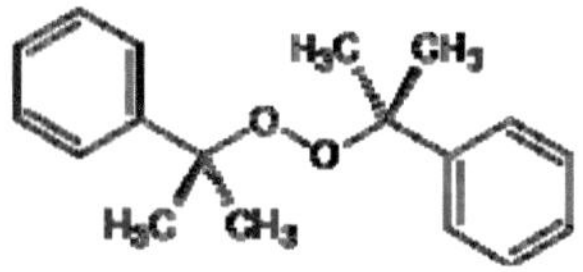

Abbildung 2-1: Schematische Struktur von DCP [4]

Für die Herstellung der zu vernetzenden Systeme wurden jeweils 100 g EPDM in einem Laborwalzwerk (*Berstorff 150*350*) bei Raumtemperatur mit DCP vermischt und homogenisiert. Für die Ermittlung der Vulkanisationstemperatur, aus dem zeitlichen Verlauf der Vernetzungsreaktion der Kautschukmischung, wurde mit einem Torsionsschubvulkameter (*Alpha Technologies MDR 2000 E*) das Drehmoment ermittelt. Die Prüftemperatur betrug 170 °C und die Prüfzeit lag bei 30 min für jede Messung.

Die Kautschukmischungen wurden anschließend bei der entsprechenden Vulkanisationszeit t_{90}, einem Pressdruck von 280 bar und einer Temperatur von 170 °C in einer Vulkanisationspresse (*Rucks Maschinenbau KV 207.00*, evakuierbar) in zwei verschiedenen Formen (Rechteck: ca. 10 x 20 x 0,2 cm und Scheibe: ca. 10 cm Durchmesser und 0,6 cm Dicke) vulkanisiert.

2.2 Methoden und Messparameter

- Extraktion:

Die Extraktion von jeweils ca. 0,3 g peroxidvernetztem Vulkanisat mit 2 mm Dicke wurde 20 h mit Aceton im Schraubdeckelgläschen unter stetigem Schütteln als Kaltextraktion durchgeführt. Die anschließende Trocknung erfolgte bei Raumtemperatur im Vakuum für ebenfalls 20 h. Der Masseverlust wurde durch gravimetrische Messung, vor und nach der Extraktion, bestimmt.

- Gleichgewichtsquellung:

Für die Quellversuche wurden EPDM Proben mit einem Durchmesser von 1 cm, einer Höhe von 0,2 cm und einer durchschnittlichen Masse von 0,15 g ausgestanzt. Je Probe wurden 3 EPDM Scheiben in ca. 40 mL Toluol bei 20 °C unter stetigem Schütteln gelagert. Die Quellung wurde bis zum Erreichen des Gleichgewichts gravimetrisch in bestimmten Zeitabständen verfolgt.

- NMR – XLD:

In einem offenen Glasröhrchen wurde die Probe an der Spitze positioniert, für 3 min in einer Heizung auf die Messtemperatur aufgewärmt und dabei konditioniert. Dann wurden die beiden Relaxationszeiten T_1 und T_2 gemessen, wobei für die T_2-Messung der 5-fache Wert von T_1 benutzt wurde, um die Relaxationsverzögerung zu berücksichtigen. Die Messungen erfolgten im Einzelnen nach den folgenden Parametern:

Gerät	Magnetic Resonance Crosslink Density Spectrometer
Hersteller	IIC Innovative Imaging Company Corp. KG
Software	XLDS 6.250 408.3b.XP
Methode	T1-API bzw. XLD
Messtemperatur	Isotherm bei 110 °C
Messfrequenz	15 MHz
Probenmasse	ca. 3 x 3 x 6 mm große Probe

- Chemilumineszenz (CL):

Für die CL-Messung wurde die Probe mittig auf ein Aluminium-Pfännchen positioniert. Nach dem Verschließen der Probenkammer mit der Linse bestand die Atmosphäre in der Aufheizphase auf 150 °C aus Stickstoff, dann wurde auf Sauerstoff umgeschaltet. Um den Einfluss des unverbrauchten Peroxids zu eliminieren, wurde die Probe bei einer zweiten Messung extrahiert (s. oben).

Gerät	Chemilumineszenz Analyzer ChemiLume™ CL400
Hersteller	ATLAS Analytical Instruments
Software	ATLAS ChemiLume CL400
Gasatmosphäre	N_2 in der Aufheizphase / O_2 während der Messung
Messtemperatur	Isotherm bei 150 °C
Messzeit	72 h (inklusiv 10 min Aufheizphase)
Probenmasse	ca. 9,5 mg bei 2 mm Probenplattendicke

- Druckverformungsrest (DVR):
  Zuerst wurden die Druckflächen der Einspannvorrichtung mit Silikonöl eingerieben. Anschließend wurden die Probenscheiben (1 x 0,6 cm) zwischen diese zwei planparallelen Platten zusammengedrückt, wobei entsprechend ihrer Höhe unterschiedliche Distanzstücke beigelegt wurden, die eine Verformung von 25 % zuließen. Für 7 Tage wurden die Proben in einem Umluftschrank bei einer Temperatur von 60 °C gelagert. Nach der Entnahme der Proben aus dem Wärmeschrank wurden diese für 30 min entspannt. Anschließend wurden wieder die Höhen der Proben gemessen und aus den Ergebnissen der DVR berechnet.

3 Ergebnisse und Auswertung

3.1 Bestimmung der Netzknotendichte

Die Netzknotendichte der EPDM Proben, die mit unterschiedlichen Konzentrationen an DCP vernetzt wurden, wurde qualitativ und quantitativ auf drei verschieden Arten bestimmt und untereinander verglichen.

3.1.1 Bestimmung mit Rheometer

In Abbildung **3-1** werden die Konzentrationseinflüsse an unterschiedlichen DCP-Gehalten auf das Drehmoment graphisch dargestellt. Der sofort ansteigende Verlauf der Kurven ist typisch für eine Peroxidvernetzung, da die Radikale direkt, ohne eine Inkubationszeit, reagieren. Mit steigender DCP-Konzentration nehmen das Drehmoment ΔS ($\Delta S = S_{max}-S_{min}$) und die Steigung der Kurve zu. Letztere weist auf eine schnellere Vulkanisationskinetik hin, wobei ΔS auf eine höhere Vernetzungsdichte im Elastomer zurückzuführen ist. Umso mehr DCP dem Kautschuk zugemischt wurde, desto mehr Netzknoten können sich bilden. Diese führen während der Vulkanisation zu einer starreren und unflexibleren Netzwerkstruktur, sodass das Drehmoment ansteigt.

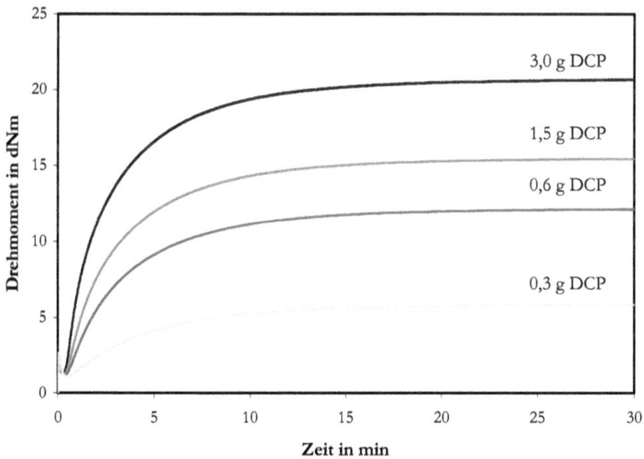

Abbildung 3-1: Einfluss der DCP-Konzentration auf das Drehmoment in Abhängigkeit von der Zeit bei 170 °C Vulkanisationstemperatur

In Tabelle **3-1** sind die maximalen Werte für das Drehmoment ΔS und die Vulkanisationszeiten t_V angegeben. Für die Vulkanisation der Proben wurden die t_V verwendet, bei der 90 %

des maximalen Drehmoments (t_{90}) erreicht ist, zuzüglich eines numerischen Faktors, der sich auf die Probendicke bezieht (1 mm Probendicke entspricht einem Faktor von 1 min).

Tabelle 3-1: Auswertung der Vulkameterkurve zur Charakterisierung der Netzknotendichte nach t_{90} vulkanisierten Proben bei 170 °C

m (DCP) in phr	t_{90} in min	ΔS in dNm	t_V in min für 2 mm Platte	t_V in min für 6 mm Platte
0,3	11.11	5,35	13	17
0,6	9,54	11,04	12	16
1,5	8,87	14,02	11	15
3,0	8,11	18,71	10	14

In Abbildung **3-2** ist der Zusammenhang zwischen dem maximalen Drehmoment und der Konzentration graphisch dargestellt. Dabei ist zu erkennen, dass das Drehmoment nicht linear mit der Konzentration ansteigt. Ab einer DCP-Konzentration von 1 phr sind die Differenzen in den Drehmomenten kleiner und die Steigung der Kurve flacht ab. Daraus lässt sich vermuten, dass bei höheren Konzentrationen der Punkt, an dem die maximale Netzknotendichte im Elastomer erreicht wird, angestrebt wird. Daher sind die Änderungen nicht mehr so groß, wie im unteren Konzentrationsbereich. Der Verlauf lässt auf einen logarithmischen Zusammenhang schließen.

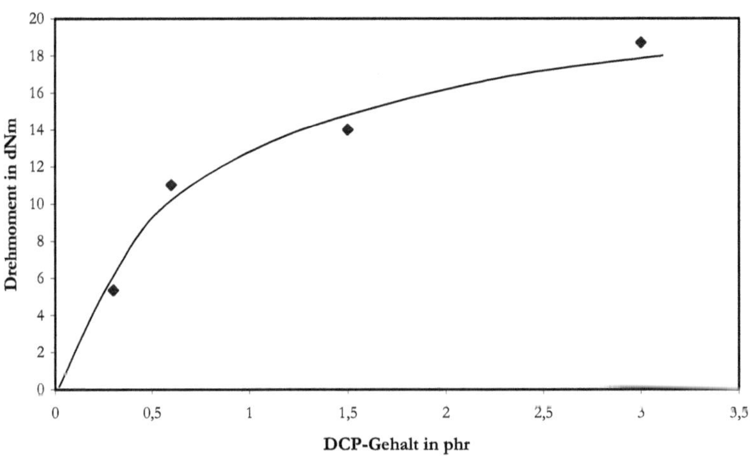

Abbildung 3-2: Der Zusammenhang zwischen dem Drehmoment und des DCP-Gehalts

3.1.2 Bestimmung mit NMR

In Abbildung **3-3** sind exemplarisch für eine DCP-Konzentration (0,6 phr), die experimentell ermittelten Diagramme der gemessen Relaxationszeit T_1 und der XLD zu sehen. Im Anhang **A.1** und **A.2** sind die Diagramme der anderen Konzentrationen abgebildet.

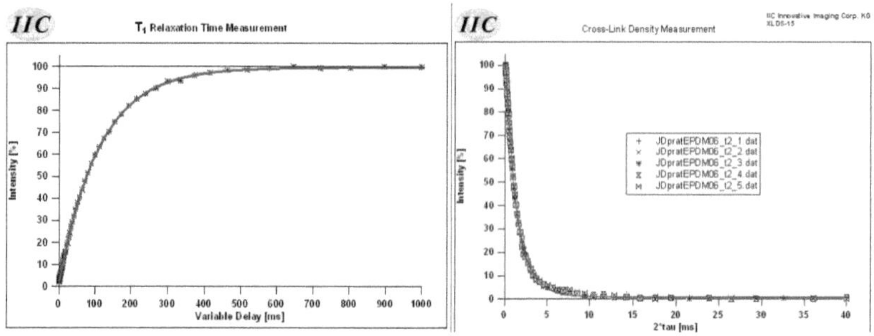

Abbildung 3-3: Typisches Ergebnis einer T_1- und XLD-Messung von 0,6 g DCP vernetztem EPDM

Die Netzknotendichten sind in Abbildung **3-4** gegen die DCP-Konzentration aufgetragen. Es ist deutlich ein linearer Zusammenhang zwischen der Netzknotendichte und der Konzentration des Peroxids zu erkennen. Jedoch sind bei der Messung der XLD die Variationskoeffizienten bei hohen Konzentrationen sehr groß. Dies ist auf die Berechnung des XLD zurückzuführen, da für eine exakte Berechnung der XLD das System vorher genau kalibriert werden muss.

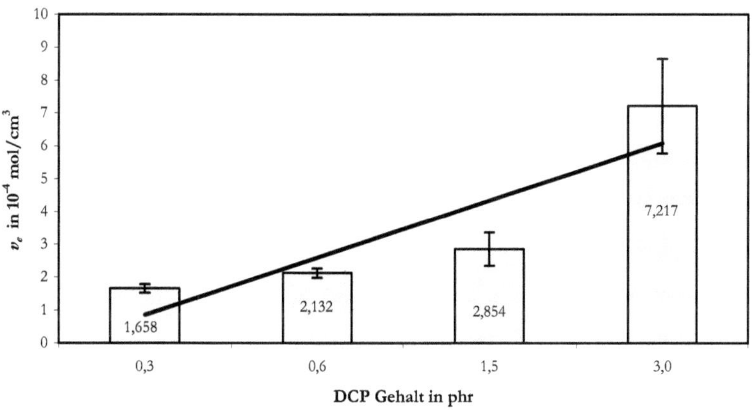

Abbildung 3-4: Einfluss der DCP-Konzentration auf die Vernetzungsdichte

Das lineare Verhalten von Netzknotendichte und DCP-Konzentration spiegelt sich auch in dem Magnetisierungsabfall der transversalen Protonenrelaxation T_2 wieder. In Abbildung **3-5** ist die gleiche, aber reziproke, Korrelation zu erkennen. Je stärker die Beweglichkeit der Moleküle in einem Material gehindert ist, also desto starrer das System ist, desto kürzer wird T_2. Umgekehrt ist bei wenig vernetzten Systemen (0,3 phr DCP) die Beweglichkeit der Kette sehr hoch und die Spins werden bei der Rückkehr gehindert, sodass T_2 höher wird. Es ist auch zu erkennen, dass die Variationskoeffizienten bei der Bestimmung der T_2 kleiner sind, als bei der XLD-Messung. Dieser Befund ist nachvollziehbar, da bei der T_2-Ermittlung keine weiteren Messparameter für die Berechnung mit einer Formel notwendig sind. Die Variationskoeffizienten werden nur von der Messung beeinflusst. Um die XLD zu ermitteln, müssen wie in Abschnitt 1.2.2 und Gleichungen **(2)** und **(3)** beschrieben, bestimmte Parameter, wie zum Beispiel der q-Wert, genau bekannt sein, da die Berechnung sonst zu Fehlern führt.

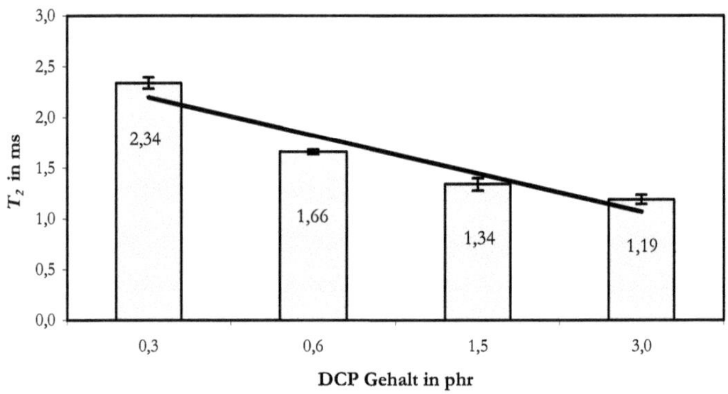

Abbildung 3-5: Einfluss der DCP-Konzentration auf T_2

Die Vernetzungsdichten der Proben können mit T_2 untereinander verglichen werden. Durch einen solchen Vergleich mit anderen T_2 Zeiten können Aussagen über die Netzknotenstruktur gemacht werden. T_2 stellt so eine gleichbedeutende Größe zu XLD dar, die relative Aussagen macht.

3.1.3 Bestimmung mit Gleichgewichtsquellung

In diesem Versuch wurden ebenfalls die Netzknotendichten bestimmt und die Messergebnisse ergeben die in Abbildung **3-6** abgebildeten Kurven (Messwerte in Anhang **A.3**). Die am geringsten vernetzte EPDM Probe zeigt den größten Quellgrad, der bei fast 700 % liegt. Die Gleichgewichtseinstellung dauert bei dieser Probe im Vergleich zu den anderen fast doppelt so lange, ca. 12 h. Die drei Proben mit dem höheren Anteil an DCP haben ähnliche Kurven und liegen in der Zeit, die bis zur Gleichgewichtseinstellung benötigt wird, gleich. Sie zeigen aber einen, mit der Konzentration an DCP, korrelierenden Quellgrad.

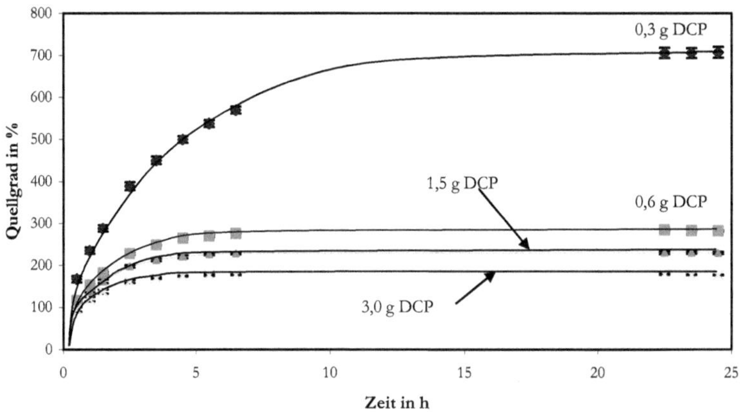

Abbildung 3-6: Der Quellgrad von EPDM mit verschiedenen DCP-Konzentrationen in Abhängigkeit von der Zeit

In Abbildung **3-7** werden die aus dem Quellgrad berechneten Vernetzungsdichten gegen die DCP-Konzentration aufgetragen. Es ergibt sich wieder die zu erwartende lineare Korrelation mit sehr niedrigen Variationskoeffizienten. Insgesamt wird eine Netzknotendichte zwischen $2{,}05 \cdot 10^{-4}$ mol/cm^3 und $35{,}86 \cdot 10^{-4}$ mol/cm^3 erzielt, also insgesamt zwei Größenordnungen.

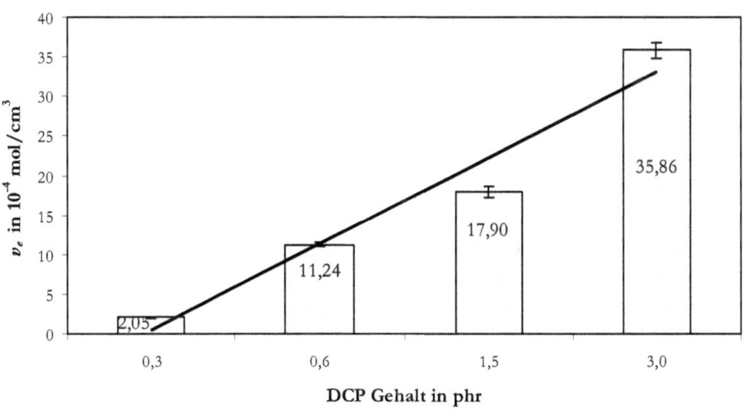

Abbildung 3-7: Der Einfluss der DCP-Konzentration auf die Vernetzungsdichte

3.1.4 Vergleich der Netzknotendichte aus Gleichgewichtsquellung und NMR

In Tabelle **3-2** wird eine Gegenüberstellung der Netzknotendichten aus dem NMR- und dem Quellungs-Experiment gemacht. Bei 0,3 g DCP liegen die Netzknotendichten von beiden Experimenten im Bereich der Standardabweichungen und zeigen auch ähnliche Variationskoeffizienten. Bei den folgenden drei Proben liegt ca. ein Faktor 5 zwischen den ermittelten Netzknotendichten, wobei die Vernetzungsdichten der Quellung höher liegen. Diese systematischen Abweichungen sind möglicherweise auf die für die Berechnung verwendeten Parameter bei der NMR-Messung zurückzuführen. Auch ein Vergleich der Variationskoeffizienten zeigt, dass die NMR-Ergebnisse große Unsicherheiten aufweisen, da bei 3,0 g DCP der Variationskoeffizient bei 20 % liegt.

Tabelle 3-2: Vergleich der Netzknotendichte aus der Quellung und der NMR

m (DCP) in phr	Quellung		NMR	
	XLD in 10^{-4} mol/cm^3	VK[1] in%	XLD in 10^{-4} mol/cm^3	VK[1] in %
0,3	2,05	8,0	1,66	7,9
0,6	11,24	2,7	2,13	6,8
1,5	17,90	4,1	2,85	17,8
3,0	35,86	2,8	7,22	20,0

[1] VK = Variationskoeffizient

An den Variationskoeffizienten ist ebenfalls eine interessante Tendenz zu erkennen. Bei der Quellung nehmen die Koeffizienten mit steigender Konzentration an DCP ab. Dies ist nachvollziehbar, da bei großen DCP-Konzentrationen der Quellgrad nur sehr gering ist. Somit stellt sich das Gleichgewicht schnell ein und es entstehen weniger Messfehler. Bei kleinen DCP-Konzentrationen ist dies genau umgekehrt. Je länger die Probe für die Gleichgewichtseinstellung braucht, desto höher sind die Messungenauigkeiten. Bei der NMR-Messung ist ein umgekehrter Trend zu beobachten. Je vernetzter das System ist, desto schneller sind die gemessenen T_2 und die Messfehler werden größer. Da die XLD über T_2 bestimmt wird, folgt auch für die XLD ein hoher Varaitionskoeffizient mit höherem DCP-Gehalt.

Für einen weiteren Vergleich der NMR- und der Quellungs-Methode wurden die Netzknotendichten aus der Quellung mit den Relaxationszeiten aus der NMR verglichen, da die T_2 wie in Abschnitt 3.1.3 beschrieben auch ein qualitatives Maß für die Vernetzungsstruktur darstellen. An der Auftragung in Abbildung **3-8** ist zu erkennen, dass in kleinen Konzentrationsbereichen die Netzknotendichte aus der Quellung und die T_2 Zeiten aus dem NMR-Experiment im linearen Zusammenhang stehen. Bei höheren Konzentrationen (♦), also bei großen Netzknotendichten werden die Relaxationszeiten sehr kurz, sodass eine Messungenauigkeit entstehen kann, wie auch an dem erhöhten Variationskoeffizient zu sehen ist.

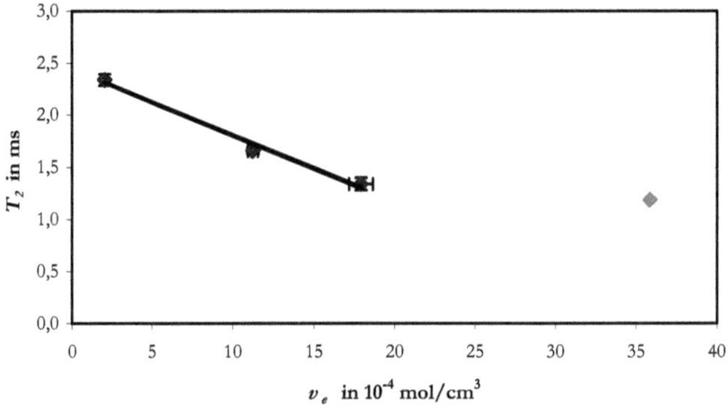

Abbildung 3-8: Eine Korrelation von T_2 und der Netzknotendichte aus der Quellung

Für Aussagen im unteren Konzentrationsbereich, bis 1,5 phr DCP, können die T_2 Ergebnisse für einen Vergleich der Netzknotendichte benutzt werden, da sie identische Angaben wie die Gleichgewichtsquellung machen.

3.2 Untersuchung der thermisch-oxidativen Alterungseigenschaft

Anhand der in Abschnitt 3.1 diskutierten Einflüsse der DCP-Konzentration auf die Netzknotendichte werden in diesem Abschnitt die thermisch-oxidativen Alterungseigenschaften in Abhängigkeit von der Netzknotendichte diskutiert

3.2.1 Extraktion bei der Chemilumineszenz-Messung

Die CL-Messungen wurden an extrahierten EPDM Proben und nicht-extrahierten EPDM Proben durchgeführt, um den Einfluss des nicht reagierten DCP zu minimieren. Durch die extrahierten Proben können Aussagen über das rein vernetzte Polymer gemacht werden, ohne das der unreagierte DCP-Rest bei der Analyse stört.

Nach der gravimetrischen Bestimmung der extrahierten Proben, konnte nur bei den Proben 3 und 4, die mit den höchsten DCP-Konzentrationen, ein messbarer Massenverlust detektiert werden, wie in Tabelle **3-3** gezeigt wird. Die bei Probe 1 vorliegende Massenzunahme ist auf die Messungenauigkeit der Analysenwaage zurückzuführen, die bei ± 0,1 mg liegt.

Tabelle 3-3: Massenverlust nach der Extraktion

m (DCP) in phr	*m* (vor Extraktion) in mg	*m* (nach Extraktion) in mg	Δ*m* in mg	% -Extrakt
0,3	318,3	318,4	+ 0,1	+ 0,03
0,6	347,5	347,5	0	0
1,5	327,7	326,5	- 1,2	- 0,37
3,0	381,6	378,0	- 3,6	- 0,94

3.2.2 Chemilumineszenz-Messung

In Tabelle **3-4** ist eine Gegenüberstellung der OIT-Werte und der Geschwindigkeitskonstanten *k* zwischen den extrahierten und nicht-extrahierten EPDM Proben aufgeführt. Die OIT-Werte nehmen kontinuierlich von der Probe mit dem geringsten DCP-Gehalt zu der Probe mit dem höchsten DCP-Gehalt ab. Dies lässt vermuten, dass stärker vernetzte Elastomere schneller von thermisch-oxidativen Alterungsprozessen angegriffen werden und keine hohe Alterungsbeständigkeit aufweisen.

Tabelle 3-4: OIT-Werte und Geschwindigkeitskonstanten *k* bei extrahierten und nicht-extrahierten EPDM Proben mit unterschiedlichen DCP-Gehalten

m (DCP) in phr	EPDM (nicht-extrahiert)		EPDM (extrahiert)	
	OIT in h	*k* in 10^{-4} s^{-1}	OIT in h	*k* in 10^{-4} s^{-1}
0,3	18,45	1,32	7,62	0,43
0,6	1,08	4,94	1,15	0,89
1,5	0,95	4,67	0,98	1,77
3,0	0,74	5,28	0,70	1,08

Diese Beobachtung widerspricht jedoch der Theorie. Eine höhere Vernetzung führt, auf Grund einer größeren Anzahl an Kohlenstoff-Kohlenstoff-Bindungen zu einer höheren Beständigkeit. Theoretisch ist mehr Energie erforderlich, um die Bindungen zu spalten. Es kann daher vermutet werden, dass das nicht reagierte DCP bzw. die DCP-Reaktionsprodukte die Alterung beschleunigen. Um diese Möglichkeit auszuschließen wurden die Proben mit Aceton extrahiert. Dadurch war eine getrennte Erfassung des Effekts vom DCP auf die Alterung bei der CL-Messung möglich. Neben der Extraktion der Reaktionsprodukte des Vernetzungsreagenz werden aber auch andere Bestandteile, wie Alterungsschutzmittel, die der Hersteller in das EPDM gemischt hat, entfernt.

Aus der Tabelle geht hervor, dass die OIT-Werte der extrahierten Proben bei den drei höheren Konzentrationen fast gleich sind. Nur bei der geringsten Konzentration ist ein signifikanter Unterschied zu erkennen. Die Extraktion führt somit nur bei diesem Vulkanisat zu einer massiven Erniedrigung des OIT-Wertes. Daraus folgt, dass bei dieser Probe vor allem die extrahierten Alterungsschutzmittel zu einer Erniedrigung der Alterungsbeständigkeit führen. Bei den anderen Proben, in denen höhere Konzentrationen an DCP-Reaktionsprodukten enthalten sind, die in Konkurrenz mit den Alterungsschutzmittel stehen, werden entweder beide Komponenten zum gleichen Anteil extrahiert, oder es findet eine unvollständige Extraktion statt, da sich die OIT-Werte nicht wie erwartet ändern. Eine andere Erklärung für diese Beobachtung sind die möglicherweise gebildeten Seitengruppen (*Pendant Group*) am Polymer. Diese kovalent gebundenen Gruppen können durch eine Kaltextraktion nicht entfernt werden und beeinflussen die Alterungsbeständigkeit der Elastomere.

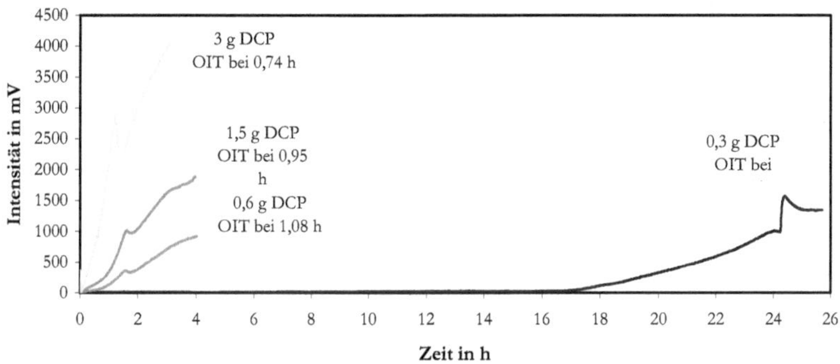

Abbildung 3-9: Der Intensitätsverlauf der nicht-extrahierten EPDM Proben in Abhängigkeit von der Zeit bei der CL-Messung bei 150 °C

In Abbildung **3-9** und Abbildung **3-10** sind die Intensitätsverläufe der CL-Messung in Abhängigkeit von der Zeit für die verschiedenen DCP-Gehalte zu sehen. Bei den extrahierten Proben ist der Kurvenverlauf bei allen Proben vergleichbar ähnlich. Im Gegensatz dazu verlaufen die Kurven bei den nicht-extrahierten Proben sehr unterschiedlich. Dies bedeutet, dass die Proben nach der Extraktion chemisch sehr ähnliche Strukturen aufweisen müssen, da auch die CL-Reaktionen gleich verlaufen. Es ist daher zu vermuten, dass der Einfluss der Seitenketten bei der Alterung eine große Rolle spielt und nach der Extraktion bei allen Proben im gleichen Maße einen limitierenden Parameter darstellt. Um diesen Einfluss zu eliminieren, muss eine Reaktion des DCP mit dem Polymer ausgeschlossen werden.

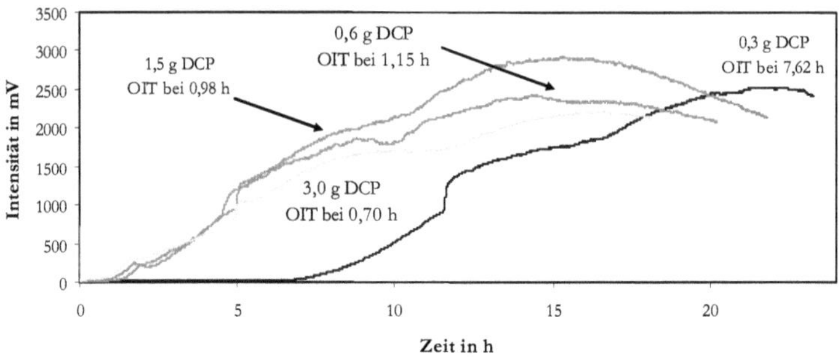

Abbildung 3-10: Der Intensitätsverlauf der extrahierten EPDM Proben in Abhängigkeit von der Zeit bei der CL-Messung bei 150 °C

3.2.3 Reaktionskinetik der Chemilumineszenz-Reaktion

Ein weiterer Unterschied zwischen den extrahierten und nicht-extrahierten Proben wird an Hand der Reaktionskinetik beschrieben. In Tabelle **3-4** werden ebenfalls für beide Proben die Geschwindigkeitskonstanten mit aufgelistet. Wie erwartet ist ein kontinuierlicher Anstieg der Reaktionskonstanten mit der DCP-Konzentration zu erkennen. Desto höher die Konzentration der Netzknoten ist, desto mehr Angriffspunkte gibt es auch für eine Alterung und umso schneller läuft die Reaktion ab. Bei dem extrahierten EPDM sinkt die Geschwindigkeitskonstante für alle Proben um ca. einen Faktor 5. Dies liegt an der Extraktion, wie in Abschnitt 3.2.2 erwähnt, bei der auch andere Substanzen extrahiert wurden, welche die Bildung der Radikale beschleunigen.

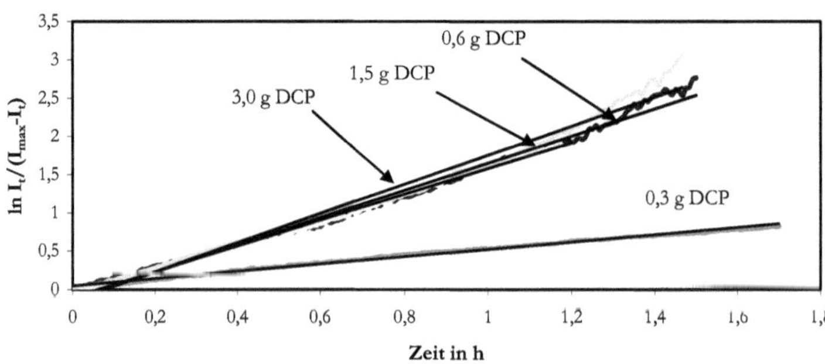

Abbildung 3-11: Einfluss der DCP-Konzentrationen auf die Geschwindigkeitskonstante von nicht-extrahierten EPDM Proben

Wenn die Katalysatoren und Co-Faktoren extrahiert wurden dauert auch die Reaktion insgesamt länger und die Geschwindigkeitskonstanten werden langsamer. In der Abbildung **3-11** und Abbildung **3-12** sind die Anstiege der Signalintensitäten als Funktion der Zeit aufgetragen, aus denen die Geschwindigkeitskonstanten ermittelt wurden. Im Gegensatz zu der nicht-extrahierten Probe, liegen die Geschwindigkeitskonstanten bei der extrahierten Probe dicht und fast äquidistant beieinander. An den unbehandelten Proben ist deutlich zu erkennen, dass der geringste DCP-Gehalt die niedrigste Reaktionsgeschwindigkeit hervorruft.

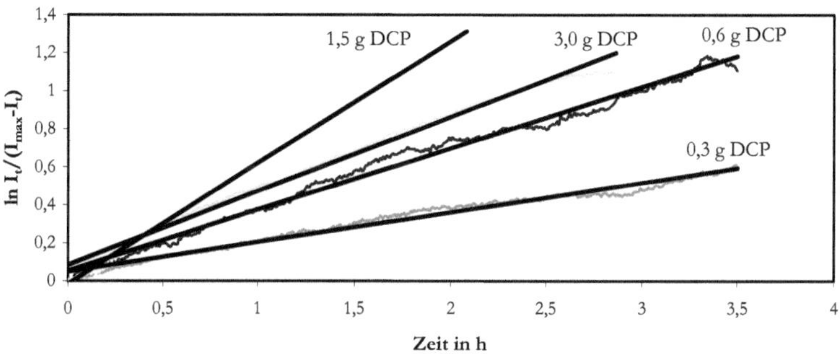

Abbildung 3-12: Einfluss der DCP-Konzentrationen auf die Geschwindigkeitskonstante von extrahierten EPDM Proben

Um den Einfluss der Netzknotendichte auf die Alterungseigenschaften zu betrachten, werden die Reaktionskonstante und die Netzknotendichte aus der Quellung in Abbildung **3-13** gegeneinander aufgetragen.

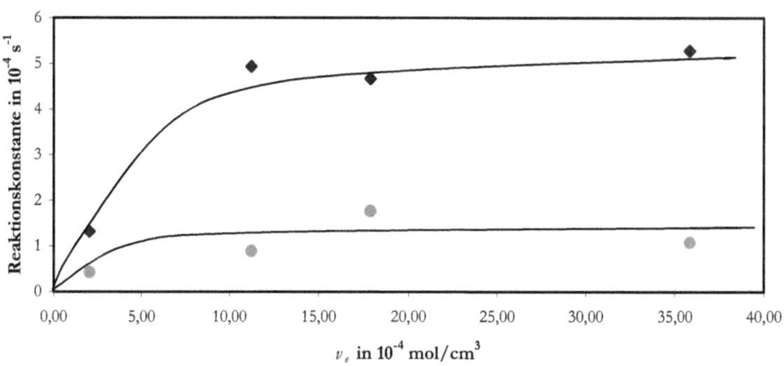

Abbildung 3-13: Einfluss der Netzknotendichte aus der Quellung auf die Geschwindigkeitskonstante von nicht-extrahierten (♦) und extrahierten EPDM Proben (●)

Zu erkennen ist, dass bei beiden Proben, extrahierte (●) und nicht-extrahierte (♦), ein logarithmischer Zusammenhang auftritt. Es ist nahezu derselbe Zusammenhang wie in Abschnitt 3.1.1 bei der Vulkameterkurve diskutiert wurde. Ab einer bestimmten DCP-Konzentration, also ab einer gewissen Netzknotendichte, sind die Änderungen in den Geschwindigkeitskonstanten unter gleichen Reaktionsbedingungen nicht mehr so stark ausgebildet, wie im unteren Konzentrationsbereich. Ab 0,6 phr DCP sind die Alterungseigenschaften der EPDM Proben nahezu identisch. Dies kann unterschiedliche Ursachen haben. Eine Möglichkeit wäre, dass durch eine zu hohe Vernetzung die Elastomere so stark verknüpft sind, dass sich die Radikale aus dem inneren des Netzwerkes nicht richtig bilden können.

3.2.4 Untersuchung des Druckverformungsrest

Um auch die physikalische Eigenschaft, den DVR, mit den Alterungseigenschaften und der Netzknotendichte zu vergleichen, wurde dieser in Abhängigkeit des DCP-Gehaltes bestimmt. Die Messergebnisse sind in Anhang **A.4** aufgelistet.

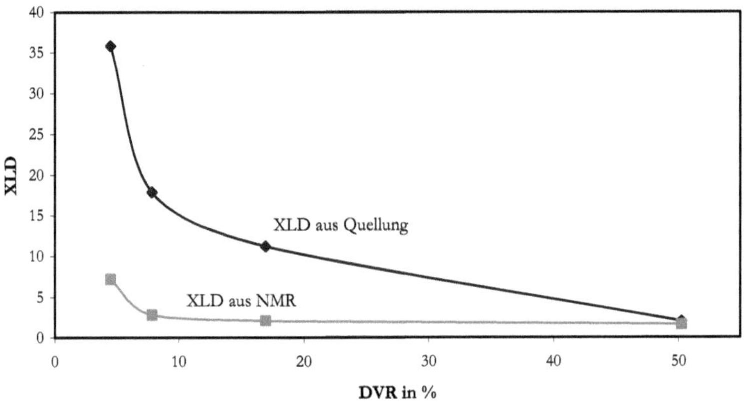

Abbildung 3-14: Einfluss der Netzknotendichte aus Quellung und NMR auf den DVR bei 60 °C

In Abbildung **3-14** ist der Zusammenhang zwischen dem DVR und der Vernetzungsdichte dargestellt. Es ergibt sich ein exponentieller Zusammenhang, wobei die Probe mit der niedrigsten DCP-Konzentration die höchste Druckverformung zeigt. Dies bedeutet, dass eine geringere Vernetzung bei thermischen Bedingungen eine geringere Formstabilität aufweist. Das ist an Hand der Hysterese, dem Verhältnis zwischen plastischen und elastischen Eigenschaften eines Elastomers, zu erklären. Ein Kautschuk lässt sich durch äußere Krafteinwirkung irrever-

sibel Verformen und behält diese Form nach der Einwirkung bei. Ein Elastomer hingegen wird mit steigender Netzknotendichte elastischer und reagiert auf eine einwirkende Kraft reversibel. Bei den Proben ist genau dieses Phänomen zu beobachten. Die Rückstellkraft ist umso höher, je mehr Netzknotendichten vorliegen, also desto mehr elastische Anteile im Elastomer vorhanden sind, weil die Hysterese dann niedrig ist. In dem Diagramm ist zu erkennen, dass bei niedriger Netzknotendichte, ein hoher DVR vorliegt, da diese Probe eine ähnliche Struktur wie Kautschuk aufweist und somit vorwiegend plastische Eigenschaften besitzt.
Ein hoher DVR ist gleichzeitig mit einer schnelleren Alterung und einem Funktionsausfall verbunden. Umso stärker das Elastomer vernetzt ist, desto weniger reagiert es auf mechanische Einflüsse und seine Lebensdauer verlängert sich gegenüber mechanische Alterung.

4 Zusammenfassung und Ausblick

Die Lebensdauer von Elastomeren wird maßgeblich durch die Netzknotendichte und die thermisch-oxidative Alterungseigenschaften bestimmt, wie an den verschiedenen durchgeführten Versuchen zu erkennen ist.

Die variierenden Konzentrationen an DCP führen bei der Vernetzung zu unterschiedlichen Netzknotendichten wie an der Gleichgewichtsquellung, der Rheometer-Messung und der NMR zu erkennen ist. Die Vernetzungsdichte ist ein wichtiger Parameter, da sich dieser auf die physikalischen und chemischen Eigenschaften auswirkt.
Bei der CL-Messung liegen die OIT-Werte von den stärker vernetzten EPDM Proben, sowohl extrahierte als auch nicht-extrahierte Proben, um nahezu eine Größenordnung tiefer, als die der am wenigsten vernetzten EPDM Probe. Werden die Geschwindigkeitskonstanten von den EPDM Proben, die mit mehr DCP vernetzt wurden, betrachtet, liegen diese um den Faktor 4 höher, als bei der Probe die am wenigsten vernetzt ist. Dies ist auf die Vernetzungsdichte zurückzuführen.
Der Vergleich von extrahierten und nicht-extrahierten Proben zeigt, dass die Geschwindigkeitskonstanten der Alterungsreaktion bei extrahierten Proben um die Faktoren 3 bis 6 geringer sind. Bei den OIT-Werten ist keine so signifikante Änderung, außer bei der EPDM Probe, die nur 0,3 phr DCP enthält, zu sehen. Die oxidative Stabilität ändert sich folglich kaum was auf die Seitengruppen und den DCP-Rest zurückzuführen ist.
Bei der Messung des DVR ist die Schwäche der am wenigsten vernetzten EPDM Probe zu erkennen. Die Druckverformung liegt bei 50 % und fällt exponentiell mit der Konzentration an DCP ab. Dies liegt an der Hysterese, die von der Netzknotendichte abhängig ist. Für Werkstoffe, die einem hohen Druck stand halten müssen, sollten hoch-vernetzte Proben, deren Lebensdauer aber beschränkt ist, verwendet werden.

Für eine Aussage über die Richtigkeit und Zuverlässigkeit der Ergebnisse muss die Reproduzierbarkeit an Hand von Mehrfachmessungen oder von Vergleichen der Ergebnisse mit anderen Methoden durchgeführt werden. Um z.B. die Leistungsfähigkeit der NMR Messungen bei der Bestimmung der XLD zu verbessern, muss das Gerät vor der Messung mit unvernetzten Proben und Proben, die eine bekannte Vernetzungsdichte besitzen, kalibriert werden. Des Weiteren müssen an Hand von mehreren Elastomertypen die optimalen Parameter für die Messbedingungen ermittelt werden.

Quellenverzeichnis

[1] DIN 53 501, *Kautschuk und Elastomere – Begriffe,* **1977**

[2] U. Giese, *Elastomeranalytik – Der Werkstoff „Gummi“*, Universität Hannover, **2006**

[3] K. Dinges, *Kautschuk und Gummi,* in *Polymere Werkstoffe,* Band 3, Kapitel 2, Georg Thieme Verlag Stuttgart, **1984**

[4] U. Giese, *Vulkanisation mit Peroxiden*, Deutsches Institut für Kautschuktechnologie e. V., Hannover , **2006**

[5] A. Mosch, *Dissertation*, Universität Hannover, **2002**

[6] S. Ilisch, H. Menge und H.-J. Radusch, *Vernetzungsausbeute an konventionellen und dynamischen Vulkanisaten*, Kautschuk Gummi Kunststoff 53, **2000**

[7] M. Säwe und R. H. Schuster, *Phänomenologische Beziehungen zwischen dem Vernetzungsverhalten und der Struktur von Polydienen*, Kautschuk Gummi Kunststoff, März **2006**

[8] W. Kuhn, E. Peregi, Z. Fei, U. Giese, R. Schuster und S. Zhao, *Network Dynamics of Crosslinked Polymers – Crosslinking, Filler and Aging Characterized by NMR Paramters*, Macro, **2006**

[9] K. Beck, A. Voda, M. Bescher, V. Peterseim und M. Viol, *The Potential of the NMR-Method within the Rubber industry,* Kautschuk Gummi Kunststoff, März **2007**

[10] M. Santoso und U. Giese, *Untersuchung thermischer und oxidativer Schädigung von Elastomeren mit der Chemilumineszenz*, 3. Zwischenbericht, **2008**

[11] G. Li und J. Koenig, *A Review of Rubber Oxidation*, Cleveland, Ohio, **2005**

[12] M. Santoso, Y. Navarro Torrejòn, U. Giese und R. Schuster, *Untersuchung thermischer und oxidativer Alterungsprozesse von Elastomeren*, Kautschuk Gummi Kunststoff, Juni **2008**

[13] M. Santoso, U. Giese und R. Schuster, *Thermal Oxidation Aging of Rubbers - Characterization by Chemiluminescence*, Kautschuk Gummi Kunststoff, April **2007**

[14] M. Santoso, U. Giese und R. Schuster, *Investigations on Initial Stage of Aging of Tire Rubbers by Chemiluminescence Spectroscopy,* Rubber Chem. Technology 80, **2007**

[15] J. Bühring, *Dissertation,* Universität Hannover, **1996**

[16] DIN ISO 815, *Elastomere - Bestimmung des Druckverformungsrestes bei Umgebungs-, erhöhten oder niedrigen Temperaturen,* **2003**

[17] H. Menge, S. Ilisch und M. Aluas, *Untersuchungen der physikalisch-mechanischen Eigenschaften von PP/EPDM – Compounds*, Kautschuk Gummi Kunststoff 55, **2002**

[18] K. Cammann, *Instrumentelle Analytische Chemie*, Spektrum, Heidelberg, **2001**

[19] D. A. Skoog, J. J. Leary, *Instrumentelle Analytik*, Springer, Berlin, **1996**

[20] R. Schuster, *Konstitution von Polymeren (I und II)*, Universität Hannover, **2008**

Anhang

A.1 T_1 Relaxationszeit Messungen – Diagramme

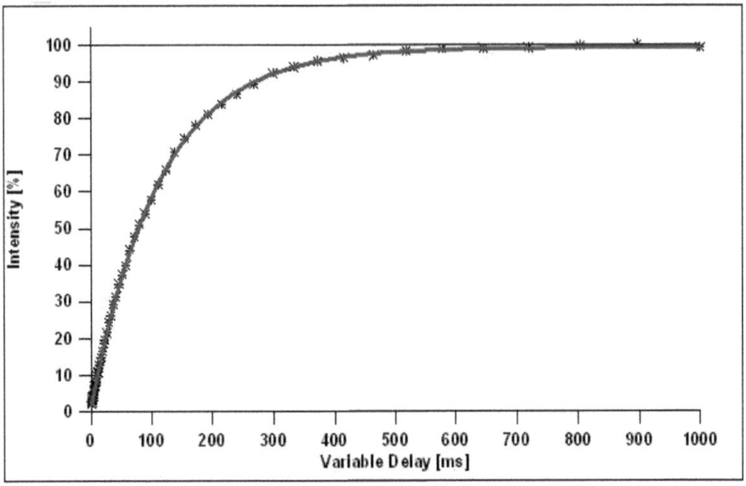

T_1 Relaxation Time Analysis

File name: F:\JDpratEPDM03_t1_1.tnt Sample Nr:EPDM03_t1
Comment: 0_3 g DCP

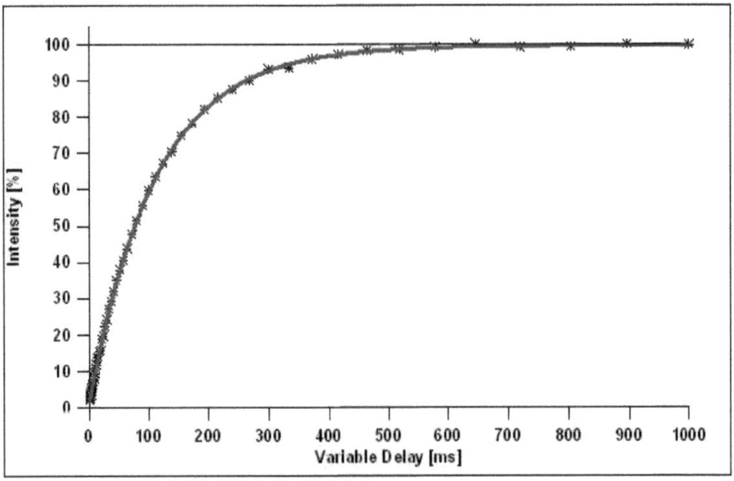

T_1 Relaxation Time Analysis

File name: F:\JDpratEPDM06_t1.tnt Sample Nr:EPDM06_t1
Comment: 0_6 g DCP

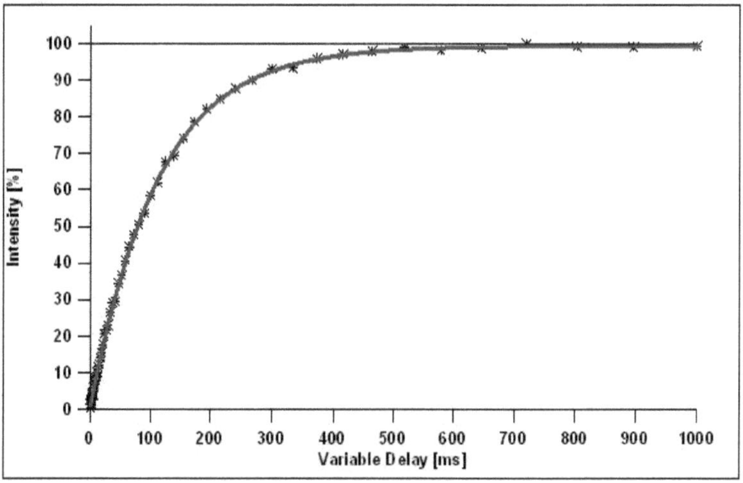

T_1 Relaxation Time Analysis

File name: F:\JDpratEPDM15_t1.tnt Sample Nr:EPDM15_t1
Comment: 1_5 g DCP

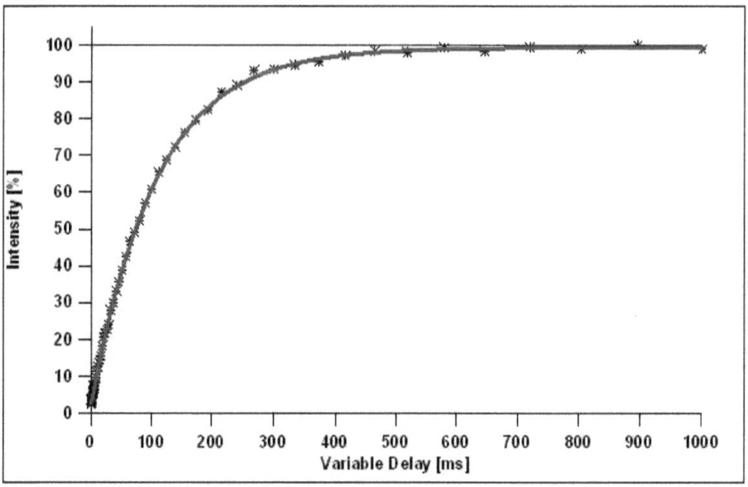

T_1 Relaxation Time Analysis

File name: F:\JDpratEPDM30_t1.tnt Sample Nr:EPDM30_t1
Comment: 3_0 g DCP

A.2 XLD Messungen – Diagramme

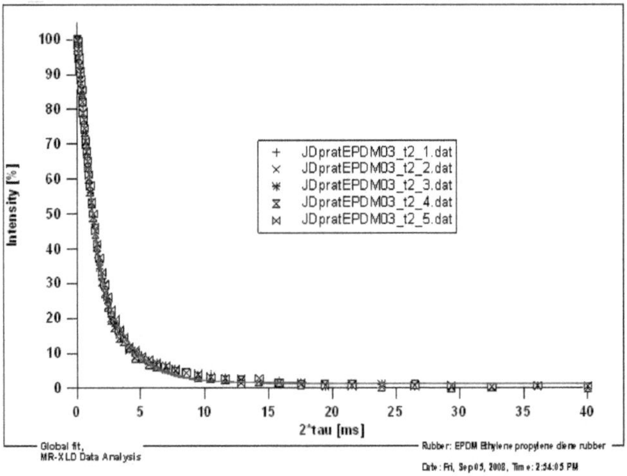

NMR Measurement Parameters:

Nr	Data file	FID DP	Dwell time	Gain	NE	NS	Repeats	Tavg
		0	1	2	3	4	5	6
0	JDpratEPDM03_t2_1.dat	1024	20u	141	64	2	1	110.00

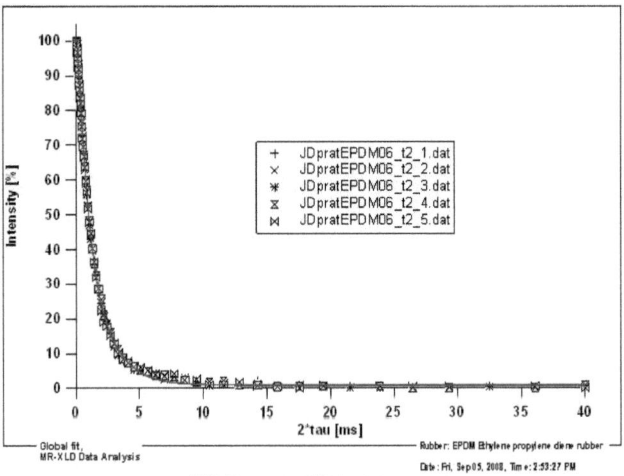

NMR Measurement Parameters:

Nr	Data file	FID DP	Dwell time	Gain	NE	NS	Repeats	Tavg
		0	1	2	3	4	5	6
0	JDpratEPDM06_t2_1.dat	1024	20u	146	64	2	1	110.00

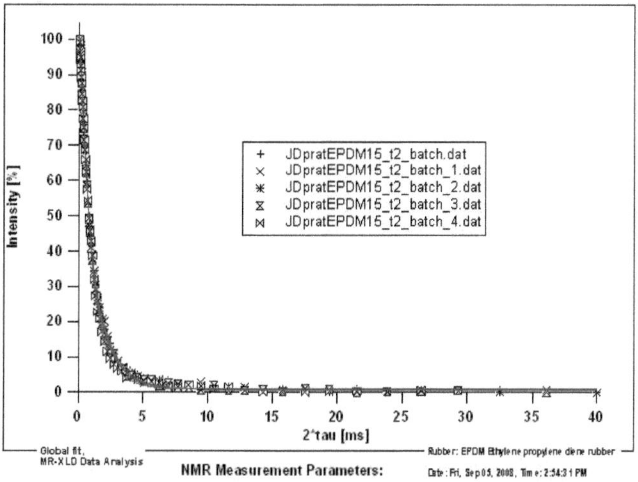

Nr	Data file	FID DP	Dwell time	Gain	NE	NS	Repeats	Tavg
		0	1	2	3	4	5	6
0	JDpratEPDM15_t2_batch.dat	1024	20u	185	64	2	1	110.00

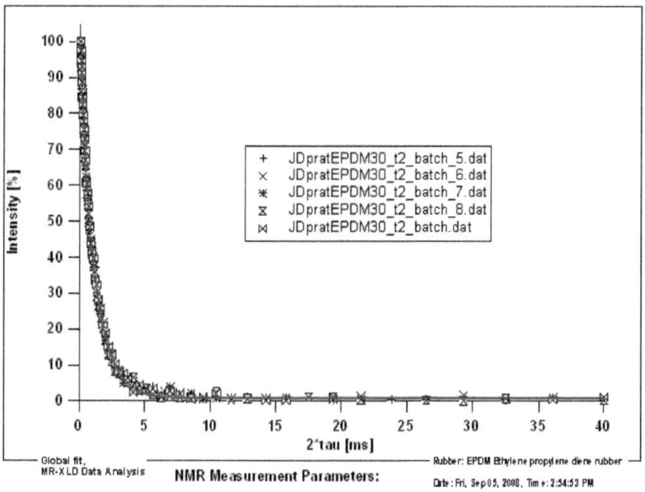

Nr	Data file	FID DP	Dwell time	Gain	NE	NS	Repeats	Tavg
		0	1	2	3	4	5	6
0	JDpratEPDM30_t2_batch_5.dat	1024	20u	218	64	2	1	110.00

A.3 Messwerte aus der Gleichgewichtsquellung

0,3 g DCP

Stunden	0	1	2	Mittelwert in %	Standardabweichung in %	relative Standard abweichung
0,0	0,1479	0,1414	0,1356			
0,5	0,3883	0,3720	0,3747	167,3177	7,8073	4,6662
1,0	0,4884	0,4683	0,4665	235,1459	7,7060	3,2771
1,5	0,5637	0,5450	0,5379	287,7496	8,0278	2,7899
2,5	0,7109	0,6890	0,6776	389,2126	9,6687	2,4842
3,5	0,8031	0,7734	0,7604	450,2427	9,3266	2,0715
4,5	0,8763	0,8458	0,8253	499,7615	8,1849	1,6378
5,5	0,9298	0,9006	0,8757	537,1270	8,5662	1,5948
6,5	0,9779	0,9467	0,9190	569,4792	8,2694	1,4521
22,5	1,1730	1,1553	1,0951	705,9144	12,0584	1,7082
23,5	1,1730	1,1548	1,0951	705,7965	11,8959	1,6855
24,5	1,1750	1,1601	1,0952	707,521	12,9920	1,8363

0,6 g DCP

Stunden	0	1	2	Mittelwert in %	Standardabweichung in %	relative Standard abweichung
0,0	0,1573	0,1530	0,1519			
0,5	0,3354	0,3321	0,3311	116,0848	2,5200	2,1708
1,0	0,3934	0,3876	0,3891	153,1947	3,0324	1,9794
1,5	0,4381	0,4310	0,4324	181,6242	3,0750	1,6930
2,5	0,5113	0,5034	0,4999	227,7218	2,3162	1,0171
3,5	0,5460	0,5324	0,5313	248,2836	1,3578	0,5469
4,5	0,5765	0,5553	0,5515	264,1687	2,0175	0,7637
5,5	0,5767	0,5684	0,5637	269,7423	2,7078	1,0039
6,5	0,5892	0,5762	0,5710	275,6925	1,0318	0,3743
22,5	0,6015	0,5892	0,5851	284,2253	1,5898	0,5593
23,5	0,6005	0,5875	0,5812	282,7872	1,1255	0,3980
24,5	0,5987	0,5875	0,5803	282,208	1,6955	0,6008

1,5 g DCP

Stunden	0	1	2	Mittel-wert in %	Standard-abweichung in %	relative Standard abweichung
0,0	0,1564	0,1526	0,1502			
0,5	0,3222	0,3166	0,3164	108,0444	2,3737	2,1970
1,0	0,3704	0,3619	0,3661	139,2421	3,9002	2,8010
1,5	0,4059	0,3962	0,4008	162,0014	4,1944	2,5891
2,5	0,4633	0,4510	0,4523	197,6345	3,0480	1,5423
3,5	0,4878	0,4730	0,4741	212,4997	2,8908	1,3604
4,5	0,4978	0,4860	0,4870	220,3335	3,3796	1,5339
5,5	0,5092	0,4931	0,4932	225,6900	2,6168	1,1595
6,5	0,5130	0,4968	0,4961	227,9517	2,3684	1,0390
22,5	0,5160	0,4980	0,4989	229,4746	2,9327	1,2780
23,5	0,5150	0,5000	0,4993	229,7871	2,4242	1,0550
24,5	0,5140	0,4986	0,4986	229,112	2,6417	1,1530

3,0 g DCP

Stunden	0	1	2	Mittel-wert in %	Standard-abweichung in %	relative Standard abweichung
0,0	0,1597	0,1542	0,1537			
0,5	0,3027	0,3082	0,3030	95,5168	5,3510	5,6022
1,0	0,3416	0,3456	0,3413	120,0272	5,4052	4,5034
1,5	0,3708	0,3719	0,3687	137,7495	4,8622	3,5297
2,5	0,4121	0,4086	0,4018	161,4817	3,4675	2,1473
3,5	0,4274	0,4192	0,4140	169,6125	2,1256	1,2532
4,5	0,4363	0,4244	0,4216	174,2424	1,0149	0,5824
5,5	0,4403	0,4298	0,4238	176,7218	1,7383	0,9836
6,5	0,4418	0,4293	0,4243	177,0352	1,2217	0,6901
22,5	0,4434	0,4322	0,4298	179,1889	1,3754	0,7676
23,5	0,4425	0,4293	0,4250	177,3331	0,9707	0,5474
24,5	0,4420	0,4278	0,4247	176,839	0,5605	0,3170

A.4 Messwerte aus der DVR-Messung

0,3 g DCP

h_0 in mm	h_1 in mm	h_S in mm	DVR in %
6,11	5,34	4,57	50,00
6,12	5,34	4,57	50,32
6,10	5,35	4,57	49,02
6,13	5,32	4,57	51,92
6,13	5,35	4,57	50,00
		Mittelwert	50,25
		Standardabweichung	1,05

0,6 g DCP

h_0 in mm	h_1 in mm	h_S in mm	DVR in %
6,28	6,01	4,72	17,31
6,26	6,00	4,72	16,88
6,25	6,00	4,72	16,34
6,23	5,97	4,72	17,22
6,20	5,95	4,72	16,89
		Mittelwert	16,93
		Standardabweichung	0,38

1,5 g DCP

h_0 in mm	h_1 in mm	h_S in mm	DVR in %
6,26	6,14	4,72	7,79
6,30	6,17	4,72	8,23
6,22	6,11	4,72	7,33
6,24	6,12	4,72	7,89
6,32	6,19	4,72	8,12
		Mittelwert	7,87
		Standardabweichung	0,35

3,0 g DCP

h_0 in mm	h_1 in mm	h_S in mm	DVR in %
6,34	6,25	4,72	5,56
6,28	6,20	4,72	5,13
6,27	6,21	4,72	3,87
6,31	6,25	4,72	3,77
6,35	6,28	4,72	4,29
		Mittelwert	4,52
		Standardabweichung	0,79